U0307069

JAPANOLOGY

京料理

〔日〕千澄子　后藤加寿子 著

烨伊 译

新星出版社 NEW STAR PRESS

新经典文化股份有限公司
www.readinglife.com
出　品

KYORYORI

御所的樱花
Cherry blossoms at the Imperial Palace

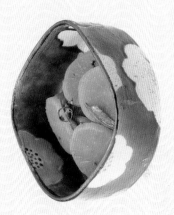

古浄庵煮菜

Simmered long-pickled radish

手球麩

Clear soup with wheat gluten
in the shape of an embroidered ball

古泽庵煮菜

材料（便于制作的量）

古泽庵……一根（约三百五十克）
红辣椒……两根
小杂鱼干……十克
出汁……一杯半
酒、砂糖……各两大勺
浓口酱油……一大勺
淡口酱油……一大勺半

做法

① 泽庵切成三四毫米的小条，在水中泡一晚，去盐。
② 红辣椒去籽，切成小段。
③ 锅中放入出汁，处理好的红辣椒，小杂鱼干，酒和处理好的红辣椒，点火煮沸，转小火煮五分钟，再煮五分钟加酱油，左右加砂糖，再煮五分钟加酱油，一直保持小火，煮至出汁收进食物中。

手球藻

材料（一人份）

手球藻……四个
出汁……三杯
淡口酱油……少许
盐……小半勺

做法

① 用出汁（适量）将手球藻煮热，放入碗中。
② 在出汁中加入淡口酱油和盐，慢慢注入装有手球藻的碗中。

胡枝子饭
Rice with adzuki beans and edamame

新姜饭
Rice with young ginger

胡枝子饭

材料（五至六人份）

米…两杯半
糯米…半杯
水…三杯半
小豆…四分之一杯
毛豆粒…半杯
昆布（名信片大小）…一片
酒、盐

做法

①米和糯米淘好，在笸箩里放约一小时。
②将米、水、昆布、两大勺酒和一小勺盐放入煮饭锅中。
③将小豆煮至膨胀，注意不要把豆皮弄破。
④毛豆放入加好盐的热水中煮熟。
⑤把小豆和毛豆拌入煮熟的米饭中。

新姜饭

材料（三人份）

新姜…一百克
米…三杯
昆布（明信片大小）…一片
浓口酱油…两大勺
水…七百二十毫升

做法

①淘好米后在笸箩里放一小时左右。
②新姜切成二点五毫米长的细段。
③在锅或电饭锅中放入米、调料、新姜、昆布和水，煮熟即可。

中秋名月
Harvest moon celebration

一般来说,中秋赏月要插起芒草、胡枝子、桔梗,供上团子。古时候,人们感谢谷物丰收,还会供上剥掉皮的白色小芋头。中秋名月又名"芋明月",中秋过后的那个月则有"豆明月"之称,大抵是与这个典故有关。照片为广泽池赏月的情景。

花器:信乐桧垣文壶

盂兰盆会

The Daimonji bonfire during Obon

大文字五山送火。

每年八月十六日举行的壮观送火仪式。

浮现在环绕京都的大文字、船、鸟居、妙法、左大文字五座山上的篝火文字。

锦绣之秋
Autumn foliage

迎正月
Entryway decorated for the new year

序言

在京都，时间总是走得很慢。

一年四季都有节庆活动，每个季节都有大自然赠予的美味食材。整齐的街道像流淌的河川，教人懂得怎样与自然共生。本书按季节回顾了大家熟悉的京都本土风味，包括节庆活动中的料理，还穿插收入了有时令特色的和果子，希望各位读本书时，能清晰地感受到京都四季之美。

本书以介绍京都人日常生活中熟悉的味道为主，现代的怀石料理和料亭烹饪的奢华料理则未收录。所谓"京料理"，是用京都原产的食材和京都的水来制作，在京都品尝的料理；是从我们的外婆乃至祖祖辈辈那里传承下来的味道，是古今不变的原汁原味。

平成二十五年（二〇一三年），和食列入世界非物

质文化遗产名录。获此殊荣的是"和食"，而非怀石料理或会席料理，我由衷欣慰。和食是日本人每天都吃的、再平常不过的饭菜。全日本的每一片土地上都有不同的物产，用各地的水烹调出的，是各地不同的味道。在我看来，这是最可贵的文化。

日本人的生活离不开大自然的恩惠。春天的味道有如嫩芽萌发般细腻，夏天的味道充满大地的力量，夏的余韵还未褪去，秋天就到了，硕果累累的秋天浓缩万物精华，以备寒冬的到来。而冬天的美味有如佳酿，又饱含着人们对春回大地的期待。一年四季都有让人难舍的独特魅力。若各位读者能和我一同享受这四季的心境和味道，笔者便十分满足了。

目 录

第二章 夏天到初秋 七月·八月·九月

第三章　秋天到初冬　十月·十一月·十二月

第四章　冬天到初春　一月·二月·三月

第一章

春天到初夏

四月·五月·六月

大自然的恩惠
让人真切感受到春天的到来

从四月的樱花到五月的新绿，京都将迎来一年中最美、最清爽的时节。

做料理时，也不必再使用冬天贮存的食材了。春季料理味道偏淡，工序也不复杂，追求一气呵成。煮物主要以盐调味、酱油添味。烤物多为山椒叶或盐烤，几乎不放腌菜。旨在让人们充分享受食物原本的味道。

竹笋是出了名的能够代表春天味道的食物，大批收获鲜笋的时间是在春天正式到来之前，而京都一带的鲜笋则要到四月下旬至五月初才能在西山采到。好吃的笋只在精心护理的竹林里有，健康的竹林每年都要铺稻草、堆土，让地面变得松软。当地上出现细微的裂缝时，鲜笋就要破土而出了。待笋完全冒出就老了，要趁它们还埋在土里的时候一气儿挖出来。

五月的代表性食物"上豆"，指的是产自上贺茂和鹰峰的豌豆，都说这种豌豆是最美味的。可以做成豌豆饭、葛煮、茶巾绞等多种菜肴。豌豆饭只需用昆布和盐简单调味，若洒上出汁①，豆子的香气就会逊色很多。以前，这豌豆饭配上露天栽培的草莓就是一顿美餐。选用青花瓷器装盛，再放上青竹叶装饰，与五月的爽朗气息再贴合不过。

　　六月里，最勾人食欲的当属莼菜。凉丝丝、滑溜溜又有嚼劲，十分适合在湿热的天气食用。我小时候还在莼菜上撒过砂糖，把它当作茶点。早上拿出前一晚冰好的莼菜，脆生生地像在嚼葛馒头，味道好极了。

---

①用鲣鱼干及晒干的海带熬出的汤汁。

京都的料理

　　说到"京料理",各位都会想到什么呢？是怀石料理,还是近来热门的"割烹料理①"？

　　首先,为大家简要介绍京料理的历史。古时候,京都有"大飨料理",主要为贵族服务；"本膳料理",主要为武士服务；"精进料理",主要为寺院服务。此外,还有随茶道发展起来的"怀石料理"和京都百姓的家常菜"町方料理"。一般认为,京料理是上述料理在历史中发展、融合而成的。

　　在这里,还要说明一下怀石料理和会席料理的区别。前面已经提到,怀石料理是与茶道一同发展起来的,想必也有不少读者朋友知道,它起初是茶会上主人招待客

①通常指高级日本料理店精心烹饪的正宗怀石、会席料理等,客人能直接看到厨师烹饪的过程,还能和厨师聊天。

人的，一般是三菜一汤（详见一〇六页）。但近来，许多料亭也将各式怀石料理写进了菜单，料理的第一道菜便是八寸。不少人便认为这才是怀石料理的主流，而将正式茶会上给客人享用的料理称为"茶怀石"。会席料理多被认为是宴会料理，它整合了本膳料理和怀石料理，大多数人直接称其为会席料理。

这些精致的料亭料理和我们在家吃的日常饭菜是不一样的，在京都方言中，我们把平时吃的饭叫"周饭①"。

学生时代，京都的孩子带到学校的便当通常都差不多，大家总会笑着说："一样啊。"到了产豆子的季节，

---

① "おまわり"，汉字写作"お周り"，意指米饭周围摆着各类菜品的餐饭，此处译为"周饭"。

每个人的便当里都是豆子。小时候总觉得是"妈妈偷懒"，如今想想，那时的便当真是应季应时的奢侈。

还有腌菜。比如在冬天腌萝卜，腌制时间较短的浅渍当然好吃，腌到来年五六月再拿出来，去盐后配以酱油和生姜也是难舍的好味道。而到十月、十一月，萝卜腌成了深棕色，还可以去盐后煮着吃。

有时我为了吃一顿泽庵煮，会特意订购泽庵古渍。珍惜一种食物，用各种方式品尝它的味道，泽庵古渍如此，山椒（详见二四页）、香橙（详见九〇页）也是一样。

京都菜味道清淡，总体来说，是追求纯正、醇厚的菜品原味。现在大受欢迎的"银鱼山椒煮"，为了延长保存时间，就得咕噜咕噜煮上很久。

乌冬面也是京料理的代表之一。面本身没有味道，要就着出汁，才能品出它的美味。

可以说，京料理的主角是食材。出汁是引出食材风味的出色配角。充分运用手边已有的新鲜蔬菜，只佐以出汁和少许调料突出它们的风味，便是正宗的京料理。

山椒花

　　这个季节，山椒花是最让我倾心的食材。日本各地都有山椒，但在京都，一年四季都有独特的做法。早春长出的嫩叶是山椒叶，过一阵子开的花是山椒花，花结出的果子是山椒果。京都人在不同的季节，品味山椒的不同部分。

　　山椒花的花期只三月底到四月初短短一周左右，十分难得。朵朵可爱的小黄花带有浓烈的香气，麻得舌头舒舒服服，是只在这短短一周里才能尝到的奢侈美味。只是简单一煮，整个京都仿佛都浓缩在了山椒花高雅的味道和香气之中。京都近郊深山、云雾缭绕的花脊一带的山椒花品质极高，可谓上等的天然调料。用来下饭、下酒自不必说，搭配生鱼片或烤肉也很好吃，寻常的家常菜立刻充满了春天的味道。

烤牛里脊山椒花

Steak with Japanese pepper flowers

近几年春天的招牌菜。山椒柔和的香辣给烤肉增添了特别的香气。

器皿：备前手付钵

诸子鱼、棒寿司

诸子鱼和鲇鱼都是淡水鱼，从冬到春均可捕获，早春抱卵的诸子鱼最美味，一入口就隐隐感到了春天的气息。京都最好的诸子鱼来自滋贺县的琵琶湖，特别挑选个头小的，在火上烤熟后蘸山椒醋；或庵酱油腌过后用炭火上烤着吃，味道非常好。另外，京都有名的寿司是棒寿司，棒寿司与便当更相配。棒寿司不能用生肉，一定要用烤过或用醋腌过的肉来做。

鲷鱼、蓝点马鲛的棒寿司、照烧诸子鱼
Conger eel and mackerel sushi and teriyaki river fish
做成便当，赏樱时带着七厘炭炉用炭火烤来吃，别有一番乐趣。

樱饼

　　京都有"十三参"的习俗，是说孩子们要在十三岁
那一年（现在多为小学毕业那一年）的三月十三日到
五月十三日这段时间里，走过大堰川上的渡月桥，到
岚山法轮寺拜虚空藏菩萨，求菩萨赐予智慧。返回途中，
经过渡月桥时一定不要回头，不然从菩萨那里得来的
智慧和福气就会跑掉。这个时节还要吃岚山一家店铺
的樱饼——颇有京都风味的道明寺樱饼。

樱饼

Rice cakes with bean paste wrapped in salted cherry-blossom leaves

地道的京都樱饼，都是用道明寺粉做的。

武者小路千家在岚山散步时，一定要光顾鹤屋寿吃樱饼。

器皿：黑天泰藏造白瓷钵

淡竹

煮淡竹和蚕豆

Simmered bamboo shoots and fava beans

春意盎然的搭配。用上豆代替蚕豆也一样好吃。

器皿：御本刷毛目钵

　　比一般的竹笋成熟得稍晚，五月末才上市的细竹笋叫淡竹。它产量少、产季短，但柔软、涩味不重，挖出来用水一焯就能吃。以前淡竹在人们住处附近就能采到，味道纯正，非常好吃。照片中的加了些出汁，味道稍有些重。

上豆

糖煮上豆

Green peas simmered in syrup

只须加一点甜便可享用。在冰箱里冰一会儿，味道更好。

器皿：古染付深钵

　　这道不怎么上得了台面的料理，却有京都独特的好味道。京都北边的鹰峰、上贺茂产的上豆尤佳。老一辈京都人都说，皇宫以北的上豆好吃。同为豌豆，北边的豆子皮薄，咬上去质感丰富，与其他豆子相比，口感有细微的不同。

烤年糕

烤年糕
Grilled rice cake
传说吃掉烤焦的部分可以祛病消灾。
图为老字号名店锛屋的烤年糕。

今宫神社门口茶馆的烤年糕，刚出锅时软乎乎很好吃。小时候，家里每个月都会去神社附近的大德寺扫墓，回来时我总缠着大人买给我吃。白味噌和酱油裹着黄豆粉，是京都特有的味道。京都有两家铺子卖这种烤年糕，哪家好吃全看个人口味。

水无月

水无月

Sweets traditionally eaten in the sixth month of the lunar calendar

八勘总店的水无月口感劲道。

质朴的点心凝聚着古时无缘用冰块解暑的百姓的生活智慧。

器皿：织部谁袖形平钵

　　入梅前后，京都家家点心店都把"水无月"摆在醒目位置。

　　平安时代，宫廷从位于洛北的冰室运来切好的冰食用，祈祷酷暑时节国泰民安。模仿冰块形状做出的点心就叫"水无月"。这简约大方的三角形点心是平民智慧的结晶，吃到它，就说明夏天到了。

消暑法事

　　淅淅沥沥的雨，让人们的心变得宁静，洗净万物，滋润大地，为作物丰收提供必不可少的水分。

　　平安时代，皇宫每年六月和十二月举办法事，以祛除人间的罪恶与肮脏。上贺茂神社、下鸭神社至今仍沿袭古代传统，于每年六月三十日举行祭神仪式。"茅轮"是所有人都能参与的活动，大家按规矩将茅草扎成捆，摆成一个圆圈。到了夜晚，在青竹竿上串上叠好的和纸，将它们插在水边，寓意消灾，并把人偶放入河中，任其漂走。在河面上焚火，奏响雅乐，神官宣读大袚词时，将人偶扔进明神川中，预示祈愿者身上的污秽和灾祸将被化解。整个法事很值得一看。

上贺茂神社的夏越大祭。

莼菜

山葵醋泡莼菜

Watershield in wasabi-vinegar sauce

莼菜以小叶的为好，叶片上有小红点的更是美味中的美味。

    大片的莼菜叶子有很明显的卷曲，味道平平。而叶子小的一看就很新鲜，其中又以边缘透明饱满的为佳。如今莼菜已被人们视为高档食材，但我觉得，倒上二杯醋①，简单地大吃一顿才是莼菜最地道的吃法。

---

①将醋与酱油或盐调合的酱汁，可以用高汤稀释以调整口味。

马苏大马哈鱼

油炸马苏大马哈鱼

Deep-fried amago trout

将小的马苏大马哈鱼过油炸一下，撒些盐就可以吃了。

做法简单，又能保持鱼的鲜味。

器皿：古染付马向付

　　马苏大马哈鱼是初夏的味道。此时的鱼还未完全长成，胖得要开裂，肉质柔软无腥气，也没有别的奇怪气味。不习惯河鱼腥气的人可以尝试马苏大马哈鱼，相信它会让您尝到河鱼本身的香味。京都离海较远，因此自古以来河鱼大受欢迎，至今仍有商家专门贩售新鲜河鱼和佃煮。

新姜

新姜饭

Rice with young ginger

倒入昆布汤即可引出姜本身清淡的香气。

器皿：源氏车莳绘椀

　　六月，是梅雨的季节。此时出产的新姜、青梅不仅杀菌效果显著，还味道清爽，天气闷热没食欲的时候吃起来格外香甜。姜还能让人迅速暖和起来，新姜不但可以用甜醋腌着吃，还可以做成姜饭，做法很简单，也十分美味。

牛蒡茎

煮牛蒡茎

Simmered Shino burdock root

口感有点像蜂斗菜，但有牛蒡独特的香味，奇妙可口。

器皿：最近买来的很喜欢的一只碗

很多人把牛蒡叫"牛棒"，京都人则多吃牛蒡的茎。东京人一般把牛蒡的茎叫"叶牛蒡"，它比普通牛蒡软，像是一种有叶子和茎的"新品种"，含有丰富的纤维。以前京都八幡市近郊种了很多，把它们和豌豆一起煮也很好吃。

豆皮和生麸

　　豆皮和生麸常被看作是代表京都风味的食品，一年四季都能吃到，但它们清凉的口感更适合初夏品尝。

　　首先是湿豆皮。市面上卖的生豆皮较多，就是给豆乳加热后，挑出豆乳表面凝出的那层膜；湿豆皮则是生豆皮被挑出来之前湿漉漉的豆乳膜，一般是买不到的。湿豆皮保存时间短，但放凉后非常好吃。

　　而做工精巧的生麸也是充满季节风味的地道京都食品，原料是小麦粉中的麸质，口味清淡，独具风雅。

　　多数人家中都会备一些干燥的豆皮和生麸，它们早已融入了京都人的日常生活。

湿豆皮

Fresh bean curd sheets

柔软有嚼劲，非常好吃。千丸屋的湿豆皮值得推荐。

器皿：濑户唐津皮鲸手

生麸

Japanese wheat gluten

做工精巧的生麸是京料理中一道不可缺少的美味。

油菜花

　　腌油菜花是京都的特产。和普通腌菜店卖的浅渍不同，腌油菜花有一股发酵后特别的清香和古渍才有的色泽。油菜花三月盛开，采摘后腌上一个月左右，五月初开封，味道正佳。腌油菜花味道偏酸，是数量有限的应季食品，且只有农家才会做很少一点，一般来说很难买到。京都西北部随处可见油菜花田，有兴趣的读者不妨去一探究竟。

淡竹和煮蚕豆

············ 材料（四人份）············

淡竹…四根

蚕豆…二十颗

出汁…两杯

酒…两大勺

味淋…两大勺

淡口酱油…两大勺

············ 做法 ············

①将淡竹放入锅中，迅速注水，放入米糠和朝天椒（适量）后点火，沸腾后转中火，煮一小时左右，直到淡竹能用筷子轻松戳入。煮好后放凉。

②把煮好的淡竹剥皮，用凉水冲，除去米糠的味道。

③剥好蚕豆，加少许盐（适量），用热水煮后放在冷水中冷却，去皮。

④在锅中放入出汁和调料，点火，煮开后放入切成同等大小的淡竹，用小火煮。出锅前放入去皮的蚕豆，再煮一会儿。

糖煮上豆

······ **材料（四人份）** ······

上豆（刚从豆荚中剥出）…一杯

水…一杯

细白砂糖…三分之一至二分之一杯

—————— **做法** ——————

①在锅中放入水和细白砂糖，点火，做好糖汁后静置放凉。

②从豆荚中剥出上豆，加少许盐（适量），用热水将豆子煮软，用冷水拔凉。

③用做好的糖汁把煮好的豆子浸泡起来。

山葵醋泡莼菜

······ **材料（三人份）** ······

莼菜…两杯

山葵…适量

二杯醋（如下调制）

出汁…三大勺

醋…三大勺

淡口酱油…一大勺半

—————— **做法** ——————

①把莼菜焯一下，再用凉水冲洗，控干后放凉。

②用一只冰过的容器盛莼菜，倒入二杯醋，再添上山葵即可。

油炸马苏大马哈鱼

材料（三人份）

马苏大马哈鱼…十二条小的
上新粉…适量
片栗粉…适量

做法

①用流水将马苏大麻哈鱼洗净，控干水。
②将等量的上新粉和片栗粉混合。
③将混合好的上新粉和片栗粉裹在洗净的马苏大马哈鱼上，用中火油炸，趁热撒盐（适量）。

新姜饭

材料（三人份）

新姜…一百克
米…三杯
昆布（明信片大小）…一片
酒…两大勺
淡口酱油…一大勺半
水…七百二十毫升

做法

①淘好米后在笸箩里放一小时左右。
②新姜切成二点五厘米长的细段。
③在锅或电饭锅中放入米、调料、新姜、昆布和水，煮熟即可。

煮牛蒡茎

材料（四人份）

牛蒡茎…一把（除去筋后二百七十克）

出汁…半杯

味淋…一大勺

酒…一大勺

淡口酱油…一大勺

做法

①去掉牛蒡茎中粗的筋，加盐（适量）在热水里煮，捞出过凉水后用研磨棒拍松，切成三厘米左右的段。

②锅中放入出汁和调料，煮沸后放入牛蒡茎，用中火煮十五分钟，煮透。

湿豆皮

材料（四人份）

湿豆皮…两袋
山葵…适量
出汁…适量
淡口酱油…适量

做法

①出汁中兑入淡口酱油，调味比清汤稍重些，事先将山葵磨成酱。
②将湿豆皮放进器皿里，倒入①中调好的出汁，盖些山葵酱。

第 二 章

夏天到初秋

七月 · 八月 · 九月

强烈的日照

增添了鱼和蔬菜的鲜味

进入七月，酷暑中京都的大街小巷都在举办各类祭祀活动。先是祭祀音乐在街头响起，继而整个城市都热闹起来，充满活力。周围的山上吹来热风，从七月一日到三十一日，祇园祭的各种祭神仪式和民间活动在这一个月的时间里你方唱罢我登场，可算是如今京都夏天的代名词。

到了这个时节，梅雨季喝饱了水的蔬菜沐浴着阳光，更加美味了。芋头茎、辣椒、贺茂茄子等京都产的蔬菜光鲜水灵地摆在菜店里。仲夏上市的辣椒叶"木胡椒"也是京都独有的特色蔬菜之一。

海鳗更是夏天京都必不可少的一道美味。如果在祇园祭上吃不到海鳗，仿佛整个夏天简直都白过了。海鳗对京都人来说就是这么重要。

京都的八月是盂兰盆节的八月。"盂兰盆"一名出自印度的佛教故事，也叫盂兰盆会，十六日的送火仪式十分有名，在节日期间吃精进料理是京都人的一大习惯。

九月中旬是赏月的好时节。正式的赏月活动分两次进行，一次是在阴历八月十五日（阳历九月中旬）的夜晚，赏"中秋明月"；另一次是在阴历九月十三日（阳历十月中旬）的夜晚，赏"后之月"。民间讲究这两次月都不能错过，否则就成了"残缺之月"，是不吉利的。京都三面环山，自古就有赏月习俗，赏月时供上月见团子，已经成为每家每户不能缺少的乐趣。

再往后就是彼岸①。以前每家人会剪好胡枝子送给邻居或亲戚。俗话说：热至秋分，冷至春分。等到气候开始舒适宜人时，真正的秋天也就要来了。

①每年春分和秋分前后的七天被称为彼岸。日本人在此时扫墓，为已故亲友祈愿。

海鳗

人们常说，海鳗和鲇鱼都是喝足了梅雨时的雨水才会这么美味，这两种鱼都是京都夏天味道的代表，京都人都喜欢吃。它们的鱼刺着实不好收拾，因此很多人都交给专业厨师料理，祇园祭更是有海鳗祭的别称，可见海鳗对京都人来说是多么重要的一道传统料理。

也许有人不知道，海鳗卵其实比鲷鱼卵还要小，美味也是别具一格的。将海鳗卵与名为"落子"的一种小山芋同煮时，二者都是清淡却有独特味道的食材，带着淡淡的香气，因此相得益彰，美味非凡。最后再挤上青橙汁，可让料理更加清爽，热食、冷食都一样好吃。

海鳗寿司

Conger pike sushi

这道菜还是专门料理店做得更好。

用一整条口感劲道的做的海鳗寿司鲜美可口。

图为三友居的海鳗寿司。

煮海鳗卵与小芋头

Simmered taro and conger pike eggs

海鳗有很多细刺，不适合直接做成烤鱼。专业
的厨师做会在鱼身上每三厘米下刀三十次左
右，用专业手法剔骨。想吃海鳗，最好是买厨
师收拾好的，或者直接在店里吃。如果有海鳗
卵，推荐这种和小芋头一起煮的吃法。

器皿: 巴卡拉金边钵

白芋头茎

芝麻醋拌白芋头茎

White taro stems with sesame-vinegar dressing

焯过的白芋头拌炒芝麻的简单料理。

器皿：古伊贺沓钵

芋头茎就是大野芋的茎，干燥后制成的食品叫芋干，是众所周知的秋季美味。这里想向各位介绍的是芋头茎的白色部分，它是正宗的夏季食物，纤维丰富又口感独特，回味无穷。市面上常见的生白芋头茎直径约五厘米，长约五十厘米，六月到九月中旬都能在菜店见到。

汤泡烤伏见辣椒

Grilled Fushimi chilies marinated in broth

辣味温和的辣椒，烤过后会散发一股甜香。

器皿：德国女艺术家造

京都每块地出产的辣椒味道都不一样，但都与青椒不同，口感柔软，辣味也相对温和。辣椒煮小银鱼是京都人饭桌上常见的料理，单把辣椒烤一下也很好吃。夏天可以享受辣椒籽的美味，初秋则可以吃煮辣椒叶。

行者饼

祇园祭时有种名叫"行者饼"的点心，特地介绍一番，是因为它只在祭祀活动中的某一天出售。相传文化三年（一八〇六年）夏天，京都瘟疫肆虐，一家名为"柏屋"的点心店店主（现任六代前的老店主）正在山中修行，睡梦中得到神明点拨，在举办祇园祭的役行者山上按神明在梦中传授给他的方法做成供品分发给周围的人，驱走了瘟疫。当时的供品就是行者饼的前身。如今，柏屋的当家店主做行者饼之前依然要到山上斋戒沐浴；行者饼每年只于山鉾巡行[①] 前一天的宵山祭上有售。

---

①山鉾指游行的花车。山鉾巡行每年 7 月 17 日举行，是祇园祭的重要节目。

行者饼

Crepes stuffed with Japanese-pepper-scented white miso

行者饼每年只在七月十六日这一天做。

用面皮包裹味噌，颇有古意。

传说是有灵性的点心，能够祛病消灾。

柏屋光贞有售，需在七月十日前预定。

器皿：中国北方染付钵

葛烧

葛烧

Grilled kudzu-starch sweet

看上去简单，做起来其实很花时间。

图为京都鹤屋鹤寿庵的点心。

葛根一年到头都可以用来做点心或料理，而"葛烧"是梅雨到初夏时节有名的点心之一。做法是在葛根粉中加入砂糖和水搅拌，待凝固后捏成点心，用火烤熟。简单质朴入口即化，是经典的夏季点心，可以直接吃，阴冷的梅雨天，还可以用树脂平底锅慢慢加热，也很好吃。

芥末豆腐

芥末豆腐

Tofu wifh hot mustard

夏天才有得卖。

图为老字号豆腐店森嘉的芥末豆腐。

　　大多数京都家庭夏天不可缺少的一道菜，也是夏季独有的美味。用海苔卷上芥末，塞到豆腐中间。一般会将海苔卷成圆球状。吃的时候中间的芥末要蘸上一点酱油。麻酥酥的辣不知不觉便席卷全身，温和的豆腐和芥末的风味相得益彰，是夏天难得的好味道。

茶渍鳗鱼

茶渍鳗鱼

Eel simmered in soy sauce and mirin

让人上瘾的茶渍鳗鱼，是金庄料理店永远的主打产品。

俗话说：土用丑日①吃鳗鱼。想吃一点鳗鱼的时候，茶渍鳗鱼能轻松满足您的需要。可以把它放在热腾腾的米饭上吃；加点自己喜欢的佐料，配上煎茶享用也别有一番风味。当然，还可以直接下酒。茶渍鳗鱼和酒煮山椒小鱼都是送给东京等其他城市的朋友们的京味特产。

①二十四节气的大暑，一年中最热的日子。

苇帘子
Yoshizu (reed screens)
度夏必备。

祇园祭

　　每年的祇园祭都热闹非凡。祇园祭原本是居住在八坂神社附近的信众们举办的祭祀活动，但其热烈气氛感染了京都大街小巷，大家都前去观看。活动的高潮是七月十七日的山鉾巡行，每年都会吸引许多游客，相比之下，十六日深夜十点后举行的"日和神乐"知道的人则不是很多。每条鉾町都搭起货摊，当地人一边演奏祭祀乐，一边在街上巡游。不同曲调在街道岔口处汇合成不同寻常的声响，意趣非凡。长刀鉾町的巡游队伍一路走进八坂神社，在总殿前演奏一曲特殊的旋律献给神明。整个仪式洋溢着浓郁的历史气氛，充满当地特色。

　　每年七月十六日晚十点后，长刀鉾町的巡游队伍走入八坂神社，演奏名为"日和神乐"的祭祀乐献给神明，祈求第二天天气晴朗。带着隐约哀愁的曲调诉说着人们的祈愿。

魂灵

　　京都人在八月十二日扫墓，十三日起迎接死者的魂灵。在一片大荷叶上放小块西瓜摆在灵前，荷叶浮在装着水的小白瓷盆上，旁边摆上金松松枝，用手洒一些水。供奉的饭食要用朱漆碗装盛，每天都要换上新的。西瓜和牡丹饼是必不可少的。八月十六日早上，要供黑海带粥。当天夜里，是大文字送火。人们怀揣着各自的思念送别魂灵，夏天也随之一起离开。盂兰盆节期间，家家户户要斋戒，开斋那天早上吃鸡肉火锅也是一种习俗。

供膳

An offering of summer delicacies made to the spirits of the ancestors
紫萁煮高野豆腐、芝麻拌豇豆、醋拌湿黄豆皮和黄瓜、白玉生麸和香菇汤、米饭、奈良渍、西瓜、牡丹饼。

上·黑海带粥

Rice porridge with kelp

举行送火仪式的十六日早晨，要吃黑海带做的白粥。

夏季尤其应该呵护肠胃，黑海带粥温和滋补。

下·西红柿海蕴菜粥

Rice porridge with tomato and mozuku seaweed

除了黑海带粥，人们又创造出另一种适合在盂兰盆节喝的粥。

西红柿和海蕴菜的组合带来出乎意料的细腻味道，堪称一绝。

器皿：清代豆彩束莲文钵

芝麻拌豇豆

Young cowpeas with sesame dressing

做法和普通的扁豆大体相同，但口感比扁豆要软。

器皿：鲁山人伊贺片口钵

　　豇豆像是拉长了的扁豆，芝麻拌豇豆常用来供奉魂灵。它的表皮比扁豆软，适合焯熟后拌芝麻吃。

　　拌芝麻本身没什么稀奇的，但它和山椒、香橙一样，是京都人日常饭食中最寻常也最基础的味道之一。

海鳗挂面

海鳗挂面和玉子豆腐

Somen noodles with conger pike and savory egg custard

海鳗挂面和一般挂面不同，既劲道、又有海鳗的味道。
青橙的香气也非常清爽。

　　海鳗被认为是做鱼糕的最好食材。海鳗挂面其实就
是把鱼糕做成挂面的形状。食欲不振的夏天，放凉的玉
子豆腐就着海鳗挂面哧溜溜地吃下去，味道相当好。这
时恰逢香橙结出青绿色的果实，剥掉果皮轻挤一两滴在
挂面上，就是地地道道的京都风味!

贺茂茄子

油炸贺茂茄子

Deep-fried Kamo eggplant in broth

在素炸后热腾腾的茄子上淋足量的出汁，
或涂一层田乐味噌，就是贺茂茄子田乐。

器皿：鼠志野四方钵

　　京都人夏季必吃的蔬菜就是贺茂茄子。这种茄子直径大约十厘米，表皮是光灿灿的紫红，紫色的茄蒂裂成三片。从外观上很容易和米茄子、圆茄子相区分。

　　贺茂茄子在料理过程中不易变形，整个煮了也不会烂。除了油炸，还可以花时间煮后放到冰箱里冷藏，做成"丸煮"第二天拿出来吃。"田乐"自然也是推荐的吃法之一。

鸡肉火锅

鸡肉火锅

Chicken and vegetable sukiyaki

人气爆棚的料理店草喰中东做的鸡肉火锅，本是十一月的料理。
该店选用精心饲养的鸡做食材，搭配松茸、舞茸和大葱。

　　盂兰盆节期间，人人斋戒，吃精进料理，依照习俗，
盂兰盆结束后的早晨，第一顿饭要吃鸡肉火锅。京都的
火锅全年都以鸡肉火锅为主，秋天会加入松茸，简直是
极品美味。名店"草喰中东"这次特别为我们做了斋戒
后的第一餐料理。用茗荷换掉松茸，香气绝妙。

胡枝子饭

Rice with adzuki beans and edamame
在出汁煮的米饭中放煮熟的小豆和毛豆。
毛豆做胡枝子的叶子，小豆做花，充满初秋意趣。
豆子香气浓郁，让人心情舒畅。

　　八月下旬到秋天是产毛豆的时节。现在很多人觉得它是初夏的食品，其实从盛夏到夏末都是吃毛豆的好时候。它还常出现在赏月料理之中，阴历九月十三日赏"后之月"时要供上芒草、胡枝子，还有连茎一起煮熟的毛豆。这就是后之月又叫"豆名月"的由来。毛豆煮的时间长一些，少放些盐，可以享受豆子原本的味道。

"美味鲇鱼" 来自嵯峨野平野屋的消息

　　也许是休渔期在五月结束的缘故，不少人以为五月是鲇鱼的产季，其实初夏的鲇鱼口感鲜嫩，盛夏肉脂肥美，初秋产卵，整个夏天都很好吃。未长大时味道纯正，初秋抱卵时肥美，也是难得的美味。

　　每年鲇鱼休渔期结束后，奥嵯峨的鲇鱼茶屋平野屋都会给常客寄一只小小的纸灯笼，意思是新鲜的鲇鱼到货了。收到这纸灯笼，心里便痒痒地想去光顾，我家就每年都一起去吃。平野屋旁边有一条清澈小溪，店家从这天然的鱼塘里捞上一条鲇鱼，当即用炭火烤给客人吃，真是再奢侈不过了。

奥嵯峨有名的鲇鱼料理店平野屋，据称已有四百年历史。
店里裱装着千澄子的丈夫第十三代宗家有邻斋、现宗家不彻斋和年轻的宗屋随缘斋三位名家消遣时描摹的书画。

摘菜

拌焯摘菜

Baby greens in broth

"摘菜"指的是摘下来的菜叶子。

图中拌焯的是京都特产壬生菜的菜叶。

柴鱼香气十足，和菜叶本身的清淡味道十分搭配。

　　京都饮食文化的一大特点，是料理会随着季节变换。无论蔬菜还是鱼，无论是还未完全长成的还是已经成熟了的，都是如此。所谓摘菜，是从萝卜、小松菜等冬季才会成熟的蔬菜上摘下来的嫩叶，本来该扔掉的菜叶鲜嫩柔软，十分可口。京都人善于利用四季的馈赠，一点不肯浪费。

木胡椒

木胡椒煮

Simmered chili leaves

可当作茶泡饭的小菜或下酒菜，清爽可口。

同时具有高雅庄重的风味。

器皿：坚手钵

　　盛夏过后，绿油油、水灵灵的伏见、万愿寺辣椒渐渐下市，蔬菜店开始摆出留着辣椒叶和结了少许果实的辣椒枝。

　　辣椒叶多被称为"叶唐辛子"，而京都人则称之为"木胡椒"。把辣椒叶和辣椒一起蒸过，再和小银鱼一起熬煮，就是所谓的"木胡椒煮"。这道菜能保存较长时间，当成小菜也很好。

老黄瓜

老黄瓜泼葛粉

Cucumber in a sauce thickened with kudzu starch

京都人做菜喜欢用葛粉收汤。

黏稠的口感和醇厚的味道十分诱人。

　　夏天老在田里的黄瓜，因为长得太大，样子难看，京都人亲切地叫它"老黄瓜"。九月可以拿来做菜，味道有点干巴巴的，倒也与九月的气息相符。正宗的京料理，讲究的便是依循时令季节改变料理做法，尽可能地享受食物的美味。

初雁

"Wild goose" sweets made with brown sugar, lily roots,
and white bean paste

松武常盘的和式点心古时曾多次进贡给皇宫、大德寺或茶道宗师。
图中就是松武常盘做的初雁。

器皿：古染付洲浜形平钵

秋天最早从北方飞回南方的大雁被称作初雁，彼时正是九月下旬。

京都人以初雁为意象，创造了这道有名的点心。在烤黑的葛根中揉进白色的百合根，象征飞翔的大雁，作为代表秋天的食物，常常出现在茶会上。

红紫苏

七月末，大原的紫苏田红了一片。安静的大原充满大自然的气息，小时候，我常和母亲一起去采茶花。据说建礼门院德子[①]进入寂光院的时候，大原一带的农民觉得她可怜就将腌紫苏馈赠给她，但如今在腌紫苏已经成了大众食品，把黄瓜、茄子和红紫苏用盐腌起来，十月前后就能吃了。在初秋品尝大自然夏天的恩赐，正是所谓的"余韵之美"。

[①]平德子，日本平安时代著名武士平清盛的次女。晚年入寂光院度过残生。

夏季食谱

煮海鳗卵与小芋头

材料（便于制作的量）

海鳗卵…二百克

小芋头…二百克

青橙…一个

八方出汁…三杯半

淡口酱油…三大勺

砂糖…一大勺

鸡蛋…两个

做法

①用热水焯一下海鳗卵，淋凉水后剥下覆在卵上的薄膜。

②锅里倒入两杯八方出汁，两大勺淡口酱油，加砂糖煮开，再放入处理好的海鳗卵，小火煮透后打入鸡蛋。

③将小芋头煮至八分熟时倒入一杯半八方出汁和一大勺淡口酱油，煮熟后关火。

④将海鳗卵和小芋头盛进器皿中，挤几滴青橙汁。

*八方出汁：出汁、酒、味淋以8:1:1的比例勾兑，在火上煮开，加热至酒精蒸发后再兑入一定量的出汁，小火煮。出锅前放入去皮的蚕豆，再煮一会儿。

芝麻醋拌白芋头茎

材料（四人份）

白芋头茎…半根
芝麻醋（如下调制）
捣碎的芝麻…三大勺
白味噌…一大勺
砂糖…少许
淡口酱油…两小勺

做法

①芋头茎去皮，切成四至五厘米的小段，加少许醋（适量）用热水焯过后用冷水冲凉。

②芝麻炒一下，在研磨盆里碾碎，盛出来加入白味噌、砂糖、醋和淡口酱油（根据菜的硬度适当加些出汁）。

③用芝麻醋将控干水的芋头茎拌匀。

汤泡烤伏见辣椒

材料（四人份）

伏见辣椒…适量（八根左右）
出汁…一杯
淡口酱油…两大勺

做法

①伏见辣椒洗净控干，用竹签在辣椒上戳几个洞。
②出汁里加入淡口酱油，做成酱汁。
③用铁签子串好辣椒，放在明火上烤。也可以用烤箱来烤。
④烤好后趁热浇上调好的酱汁。

黑海带粥

材料（四人份）

米…一杯
水…五杯
黑海带…五克
盐…少许

做法

①淘好米，放在笸箩里。
②锅中放入米和水，大火煮沸后搅拌均匀，盖上锅盖，小火煮
二十分钟左右。放入事先泡好的黑海带和少许盐，再煮两三分钟
关火。

西红柿海蕴菜粥

材料（五至六人份）

西红柿…四个（小的）

海蕴菜…一百克

米饭…两杯

出汁…三杯不到

生姜汁…少许

淡口酱油、酒、盐

做法

①用热水将西红柿泡过后剥皮去籽，切成小块。

②用凉水冲一下米饭，放在笸箩里控水。

③锅中倒入出汁、两大勺半淡口酱油、两大勺酒、约半小勺盐，煮沸后调成比清汤略重的味道，加入米饭，中火煮四到五分钟，放入西红柿和海蕴菜，开大火，倒入生姜汁后关火。

*如果海蕴菜是咸的，要先在水中泡一小时去掉盐分，再控干水。

芝麻拌豇豆

材料（四人份）

豇豆…二百克

熟芝麻…六大勺

出汁、淡口酱油、砂糖、盐

做法

①择好豇豆，在热水中煮熟，用团扇扇风使其尽快变凉，切成二点五厘米长的细段。

②芝麻炒熟，碾成八分碎，倒入两大勺出汁、一大勺淡口酱油、一大勺砂糖，再加少许盐，最后放入切好的豇豆拌匀。

海鳗挂面和玉子豆腐

材料（便于制作的量）

海鳗挂面…一百克

鸡蛋…六个

青橙…少许

出汁、淡口酱油、盐、味淋

做法

①先做玉子豆腐。将鸡蛋打匀，蛋汁中倒入一杯出汁、大半勺淡口酱油、四分之一小勺盐拌匀，过滤后倒入十五乘十三点五厘米的模具盒里，撇净浮沫后放入透气的蒸锅中，大火蒸三分钟，小火蒸二十分钟。蒸好后静置冷却。

②把玉子豆腐切成适合入口的大小，和海鳗挂面一起放入器皿，将一百二十毫升出汁、九十毫升淡口酱油和两大勺味淋勾兑后倒入即可。

③做好后可在面上挤几滴青橙汁。

油炸贺茂茄子

材料（四人份）

贺茂茄子…两个

萝卜（磨末）…四分之一根

油…适量

出汁、味淋、淡口酱油

做法

①贺茂茄子去头尾，横着切成两半，浸在水中去土腥味。约三十分钟后取出，将水擦干。

②取出汁一杯，味淋四分之一杯，淡口酱油两大勺，倒入锅中煮沸。

③用中等油温炸茄子。

④将炸好的茄子盛进器皿，上面放萝卜末，再浇上锅中做好的出汁。

胡枝子饭

米…两杯半

糯米…半杯

水…三杯半

小豆…四分之一杯

毛豆（从豆荚中剥出豆粒）…半杯

昆布（名信片大小）…一片

酒、盐

做法

①米和糯米下锅煮前淘好，在笸箩里放约一小时。

②将米、水、昆布、两大勺酒和一小勺盐放入煮饭锅中。

③将小豆煮至膨胀，注意不要把豆皮弄破。

④毛豆放入加好盐的热水中煮，熟后放在笸箩里，放凉后从豆荚中剥出。

⑤把小豆和毛豆拌入煮熟的米饭中。

拌焯摘菜

摘菜…一把

出汁…一杯

淡口酱油…半大勺

柴鱼节…适量

做法

①在加过盐的热水中将摘菜焯一下，用凉水冲过后控干，切成三厘米长短。

②出汁中兑入淡口酱油，浇在切好的菜叶上，放凉。

③将菜与汁盛到器皿中，撒上柴鱼节。

木胡椒煮

材料（四人份）

辣椒枝…一把

小银鱼…四分之一杯

出汁…一杯

酒…两大勺

味淋…两大勺

砂糖…一大勺

酱油…两大勺

淡口酱油…两大勺

做法

①从辣椒枝上摘下辣椒叶和辣椒，用热水焯一下。若有苦味，就再用水冲一冲。

②将调料兑好，和控干水的辣椒叶、辣椒拌在一起，倒入热水后和小银鱼一起煮熟。

老黄瓜泼葛粉

材料（四人份）

老黄瓜…一根

出汁…三杯

淡口酱油…一大勺

盐…少许

片栗粉…一大勺

生姜…适量

做法

①老黄瓜竖切成两半，用勺子挖去籽后切成小段，焯水。用水将片栗粉化开。

②在锅中放入出汁、淡口酱油、盐、焯好的黄瓜段，煮沸后倒入片粉水。

③把菜与汁盛到碗里，撒上磨碎的生姜。

香橙、山椒，一年的美味

　　食材名和模样的不断变化正是季节流转的象征。比如，香橙的产季在冬天，初夏时开白色的小花。楚楚动人的模样和香气让人一看便知。把它点缀在汤上，那幽静的清香，是初夏独有的奢侈享受。而到了盛夏，花朵凋落，结出青涩的小小果实就是青橙，带着酸味的香气让人难以抗拒。京料理中经常把它的皮磨碎，添在海鳗上。

　　说起香橙，很多人想到的都是它冬天黄澄澄的样子，其实我们一年四季都可以品尝它的美味。不止香橙，京都人自古以来就善于享受摘菜、山椒、鲇鱼等食材在不同阶段的美味。

第 三 章

秋天到初冬

十月・十一月・十二月

一年中最具风雅的季节

上一刻还在怀念逝去的夏天，下一刻寒冷就已经到来。京都也到了蔬菜最美味的时节。茶道中，每年十一月到来年四月用地炉，五月到十月则用风炉。在茶道的世界中，开地炉的十一月比正月①还重要。而十月则是风炉的最后时节，人们留恋风炉，同时怀念逝去的晚夏。十月当属一年中最有侘寂之趣的月份。

此时壁龛的插花尽可能以夏末的草花为主，十一月起就要换成象征冬天的茶花了，越近十月末，成束带着悲伤色泽又娇小可人的野花越是给人一种无法言说的风情，几乎接近终焉之美的极致。

这段时间的料理和食器都不会太过奢华，蔬菜也多用夏天田里剩下的那些不太漂亮的，与秋天当季的蘑菇

①日本的正月指阳历1月。

搭配。这是一段能充分享受季节更迭之趣的时间。

　　吃生鱼片时撒上些碎海苔或挤几滴橙汁，装盘时略盖住鱼肉，让人领略到深秋的静寂。菜品本身并不华丽，从装盘和烹饪技巧等方面突出料理的纯粹味道，与十月的气氛更加契合。

　　割山椒是秋天常用的食器，其造型仿照山椒长叶、开花、结果后的模样，最适合十月使用。没有人会在其他季节用它来盛装食物，这就是所谓日本料理的本心。

　　到了十一月，之前低调的一切又忽然回归奢华。人们收起夏天用的风炉，敞开地炉感受火的温暖。每年开地炉的日子随天气而变，早几天晚几天都有可能。十一月还会举办新茶茶会，打开装茶桶，一起享用。

松茸海鳗

松茸海鳗清汤

Clear soup with matsutake mushrooms and conger eel

松茸配海鳗是当今京都有名的秋季料理。

脂肪含量少的海鳗和喷香的松茸让人食指大动。

器皿：内菊莳绘煮物椀

　　进入十月，夏天水灵灵的新鲜蔬菜和鱼都过了最丰美的时候，味道逐渐变得干巴巴的。

　　原先肉脂肥厚的海鳗也瘦了下来，香味弱了不少，和刚上市的松茸细致的香味倒是相得益彰。淡季海鳗和新鲜松茸的搭配可谓"神奇的邂逅"，是秋季京都料理必吃的一道美味。

余韵寿司

Sushi rice with pickled summer vegetables

用夏天蔬菜腌成的柴渍做成余韵寿司。

器皿：加守田章二造圆钵

　　秋季少不了柴渍。这种腌菜一年四季都能吃到，但用来腌渍的是七月末的红紫苏，夏季的蔬菜，自然九月底到十月这段时间更好吃。七月末到大原去，一眼望不到头的红紫苏田非常漂亮（详见八一页），想想这就是柴渍的本来面貌，感慨不由得又多了一分。

因人而异

这个季节又被称作"寄向"，援引怀石料理中招待宾客时所用的食器因人而异的意思。主人故意不用成套，或是用缺了角的、修补过的器皿。搭配瓷陶器有多种方法，并不是随便拿一只来用的。用什么碗盘必须事先设计好，才有搭配的乐趣。一般人家虽不会像料亭那样讲究，但从不成套的食器中发现美正是日本独特的审美意识所在。装盛的方法也随食器的不同而变化。

割山椒
山椒果
秋天长裂了的山椒。厚厚的外皮裂成精巧的三块。以这一意象为灵感做出的器皿也叫"割山椒"，真是充满巧思。

寄向

Sea beam sashimi in a variety of fine serving dishes
同是鲷鱼生鱼片，因盛装方法或器皿的不同，
展现出独属于十月的别样意趣。

器皿（从上到下）：砧青瓷钵、定窑小钵（上色）、黄濑户缘钵、
仁清织部模、鲁山人伊贺片口

京都赏红叶的好去处不少，
但最具当地风情的还是京都御所那片叶子纤细微皱的红叶林。

北山宗蓮寺。

火焚祭

　　进入十一月，京都大大小小的神社都烟雾缭绕，举办名为"火焚祭"的法事。人们在神社前焚火，念诵祷词、奏神乐。作为新尝祭一种的火焚祭，是感谢秋天丰收的宗教仪式，据说是从古人在庭院里焚火、奏神乐演变而来的。除了神社活动，民间也会举办祭祀，每家每户供上橘子、馒头、米通。经营离不开火的商户会自行决定自家举行火焚祭的时间，著名的茶道流派武者小路千家也不例外，他们的火焚祭通常和新茶茶会一起举办。

　　每年，和武者小路千家交情颇深的晴明神社都会派神官来做法事，在院子里的福守稻荷前，将护摩木牌和写有家人名字的木牌点燃。火焰熊熊燃烧，还曾有过不慎将走廊烧毁的经历。神官念诵祷词、做法事期间，全家人都要出席。供品是皮上印有珠宝烧印的红色和白色小馒头、祈祷五谷丰登的粗粮和蔬菜；祈祷这一年免受火灾的威胁，家人身体健康，出入平安。

而待京都的街巷被红叶染红时，茶道世家也将迎来一年中最重要的时节。院子里的围墙和导水筒都被换成青竹的，榻榻米和拉窗也要换新。在被装饰得如同新春的空间里端坐，品一杯新茶，你会发现，古人将生活的步调与四季调和、在大自然的变化中寻求幸福的美好习俗一直延续至今。对此深深的感恩，也渗透在每个人的内心深处。

火焚祭

Autumn bonfire festival

在院子里的福守稻荷举行独特的供奉仪式。

烤橘子

Grilled mandarin orange

烤过的橘子甜得不可思议。
外皮焦黑，但里面的果肉还是滋润多汁。

　　火焚祭时，孩子们最期待的就是烤橘子。把橘子放在焚烧护摩木牌的余烬上，橘子皮烤得焦黑，但剥开后暖烘烘的果肉更甜了，非常好吃。传说吃了烤橘子就不会感冒，因此这是每年火焚祭人们必吃的食物。

怀石料理之心

　　我在序言部分提到，怀石料理本是尽心尽意制作、用来衬托浓茶美味的料理。

　　茶会上的主角是茶，但空腹饮用就无法享受它原本的味道。于是，喝茶前要简单吃个八分饱，再喝一点酒。这便是怀石料理在茶会上的功用。品尝怀石料理是茶会中的一个环节，目的是让人们更好地品茶。

　　千利休以最基本的食物——米饭为基础，汤和生鲜为主要配菜，以煮物为主菜，加上香物配成三菜一汤，连同烤物一起，确立了怀石料理的基本形态。

　　怀石料理是此前复杂的本膳料理的简化版，但简化绝不意味着简陋，三菜一汤间，一分不落地融入了主人对宾客的心意。

　　菜品数量不多，所花心思和诚意十足的招待同样让客人领略到满满的季节感，不同的人待客还会有不同的搭配方式。一场茶会中的心意和对家庭的爱意是相同的。就算是简单的家庭料理，烹饪时也饱含情意，以季节或时令节日为主题，精心搭配食器，这样的料理吃进口中，感受必然是丰盛的。

即使不在正宗的茶室而是普通厨房中做的怀石料理，只要屋子干净整洁，餐桌上摆花，用木制方盘或托盘装盛，屋里也会一扫平日的家常氛围，变成待客的郑重场所。或许吃过饭桌上不太整洁，但只要有托盘在，就会保留一片茶道般的宁静空间。

虽然不至于像落语《目黑的秋刀鱼》① 那样，但没有

①落语是日本传统曲艺形式之一，与中国传统单口相声类似。这则大意是秋刀鱼这种穷人吃的鱼要用穷人的做法才好吃，太过讲究反而不是滋味了。

什么比在料理中适时选用应季食物更妙了。

相反，无论花费多少时间、多少工序，破坏了食物的原味，又错过了适合的品尝时间，再奢华的款待也只是在做无用功。

料理食物，招待客人，或是做一顿让家人开心的美餐，追求的是心与心自然而然的联接。

这份追求与茶道精神是相通的，我想，用这样的心意去生活，也正是这个充满戾气的现代社会所必需的。

茶碗“木守”

The "Kimamori Tea Bowl", a favorite of the tea master Sen no Rikyu

武者小路千家非常宝贝的茶碗，
是乐十一代庆入模仿千利休传下来的长次郎作品"木守"制成的。
用这只正合十一月气息的贵重赤乐茶碗饮一口浓茶吧。

怀石料理的流程

　　最基础的菜单是米饭与小菜、汤、煮物、香物搭配的三菜一汤，再加上烤物。在此基础上加上八寸和清汤，就构成了一套普通的怀石料理。主人还可以在上菜过程中端上拼盘，或给爱喝酒的客人添下酒菜，但这一整套的准备都是为了让客人更好地品尝茶的美味。

　　一、小菜、汤、米饭　最先上的一套菜。米饭不必多，意在请客人先吃一点。

　　二、煮物　可说是怀石料理中的主菜，最为华丽。它是带高汤的一碗菜，又称椀盛。

　　三、烤物　根据客人人数，盛在一个大碗中。

　　四、清汤　也叫筷洗，用清汤爽口，准备吃下一道八寸。

五、八寸　取山珍海味搭配，通常有两到三种食材。

六、香物　这是一餐郑重的总结，又叫早茶。如果茶事在早上进行会省略烧物，而将五种腌菜拼盘满满地盛上来。

七、汤　用这最后的一道汤（里面放入炒过的米）涮一下食器，同时让客人口中清爽，就此给这一餐饭画上句点。

新茶茶会的菜单和正月的料理一样，旨在营造一种华丽而喜庆的气氛。多用鲷鱼、虾等寓意美好的食材，茶会开始前的祝词要用一句特别的话做结。图中使用的食器是为千澄子六十大寿特意定做的，菊花纹有延年益寿的美好寓意。

壶壶

第一次招待某位客人，或是节日庆祝的时候，一定会端出这种名叫"壶壶"的小件器皿（图中托盘右上角那件）来，里面放上醋拌萝卜丝。图中的是双色萝卜丝拌碎芝麻。

向付

和茶事结束时吃的生鱼片不同，向付通常不加酱油，而是用昆布包住食材，或是均匀地洒上醋汁再端上桌。图中有鲷鱼切片、防风、坂本菊、山葵、三杯醋。

器皿：乾山作色绘见达寿字

汤

以白味噌调味，加入节庆里必不可少的小豆。汤料一定要加上融开的芥末，生麸要打结。汤里有调好的味噌、红白结生麸、小豆、芥末。

米饭

怀石料理中最先上米饭，意指"料理马上就好了，请先吃一口饭"，因此只有一点点。武者小路千家会盛出一饭勺米饭，分成三小份，将每小份扣圆，仔细地装在饭碗里。

托盘：愈好斋好舟形

怀石料理中最隆重的一道菜
是煮物椀。厚实有料的煮物
很受人们欢迎。

煮物椀

怀石料理中最隆重的一道。虾寓意喜庆，再加上应
季的松茸。图中有大虾真薯、松茸、菠菜、香橙。

香物

主人端出名为"引重"的双层木盒时，就说明这场茶会
的重要性不同以往。上层装香物，下层装烤物。所谓的三菜

使用双层的木盒引重，说明
这场茶会十分正式。一般情
况下用不同的盘碗盛装香物
和烤物即可。

一汤，就是上文所说的向付、煮物、香物和汤。可见香物
在怀石料理中的重要性。图中是泽庵渍、千枚渍、芜菁。

烤物

烤物和煮物椀都是为菜肴添味的料理。秋冬季节十分
适合味道浓厚的烤味噌渍或烤幽庵。图中是鲣鱼味噌渍，
引重上的图案是澄子喜欢的云锦（樱花和红叶）。

这种形状的器皿被称为利休形，尺寸是固定的。器皿表面绘有菊花，勺面绘有叶子花纹。这些细节都能体现出澄子的喜好。

按客人喜好搭配的酒器和饭器别有一番趣味。照片中是竹地文酒壶搭配澄子喜欢的朱杯。杯上的图案是澄子自己画的。

酒器

一般酒壶都是铁制的，听说以前可以直接用来烫酒。如果铁制酒壶缺了壶盖，也可以用陶制酒壶代替。

饭器

饭器是在客人间被传来传去的。冬天多用漆物，盛夏则用篮子。饭勺有金属，也有陶制的。

上·茶壶 名"看松"。日本十六七世纪时与西班牙、葡萄牙等国开展贸易时引进的中国茶壶，十分珍贵。用绳子系住壶口，起装饰作用。

下·用收获的小豆和糯米做小豆粥。中有两个小圆年糕。小豆粥是作为点心端给客人用的，因此在托盘里侧放上黑文字杨枝[1]，外侧放上杉木杨枝。

器皿：麦藁手盖物

茶的正月

　　五月，采摘茶叶的新芽，蒸过后充分干燥，将脉络除去，塞到茶壶里在低温低湿的地方密封。暑热过去，十一月时，茶已很有风味。此时开封，在茶臼里捣好，就可以品尝这一年的新茶了。

---

[1]茶道中用来吃点心的木制器具。

香橙

　　香橙的颜色慢慢变得鲜黄时，看上去让人心情舒畅。春天开花，夏天结青橙，每个时节都能给人们带去美味。待终于成熟，便一下子就成了提升冬季料理风味的重要角色。嵯峨野深处的水尾是香橙的名产地，这里的橙子不像其他地方那么酸。光是闻闻新鲜香橙的清香，就是一种奢侈的享受了。在刚煮好的米饭上滴几滴酱油，再挤上橙汁，这道"香橙饭"只有用水尾香橙做才好吃，算是一道几乎只有当地独享的美味。

香橙饭

Rice with yuzu

刚煮好的米饭里散发着香橙的香气。

器皿：萌黄地金襕手小钵

摄于香橙的产地水尾，
正值产季，香橙压弯了枝条。

酸茎菜

炸豆腐煮酸茎菜

Simmered sugukina greens and fried tofu

器皿：黑田泰藏造白瓷缘钵

　　随着天气越来越冷，京都的各种蔬菜越来越好吃了。除了萝卜和酸茎菜，叶类蔬菜也很可口。酸茎菜是芜菁的一种，上贺茂可以采到，多用来做腌菜。其实它的叶子也有吃头，如今在东京大概像小松菜一样受欢迎。一般的吃法是炸或煮，和盐昆布拌成沙拉即食口感也很棒。

腌菜

　　京都人家里一年到头少不了腌菜，其中用冬天的蔬菜做的腌菜是上品中的上品。圣护院芜菁做的千枚渍很有名，用酸茎菜做的酸茎菜渍则是京都独有的风味。腌好的酸茎菜稍有酸味，我非常喜欢，一年吃不到就好像整个冬天都白过了。上贺茂农家自制的腌酸茎菜味道好极了，我每年都向他们订购。

上贺茂的农家田鹤家正在腌菜，纯手工做的。
腌酸茎菜只在每年十二月至来年一月中旬可以吃到。

海老芋

　　海老芋因形状和表皮的花纹和虾很像而得名，[1] 在节庆的宴席间很受欢迎。

　　严寒步步逼近的十二月，正是海老芋最可口的时候，每块芋头都是口感细嫩的上品，用小火慢慢煮透后尤其好吃；油炸后蘸一点盐趁热吃也很棒。

　　要想品尝海老芋的原味，最好不用油，以小火咕嘟嘟地煮着吃。因为海老芋很容易煮烂，所以煮的时候一定要用小火。如果做成精致的怀石料理，则要加入出汁，放在专门的容器中蒸熟。对我来说，煮海老芋是须格外细致的一道菜。

---

①日语中"海老"即虾。

油炸海老芋

Deep-fried taro root

湿豆皮煮海老芋

Simmered bean curd sheets and taro root

器皿：明末吴须赤绘钵

鹿谷南瓜

冬至南瓜
Kabocha squash eaten on the winter solstice

器皿：鲤江良二造钵

　　据说鹿谷南瓜夏天就会被摘下，到了冬天才切开来煮成人们所说的"冬至南瓜"。这种南瓜的上半部分没什么味道，通常生着切成小段，和芜菁一起配梅肉酱汁来吃。民间传说南瓜、胡萝卜、莲藕一起吃能交好运，南瓜便成了冬至必吃的一种食物。

古泽庵煮菜

Simmered long-pickled radish

器皿：乾山造椿绘小钵

　　京都话里有"始末"这一词，意思和"别浪费"有点像，但不同于"小气"，指的是把一种食物吃干净。如果腌菜做得太多，把那些吃不完的去盐，做成煮菜也很好吃。是一道颇有年代感的家庭料理。

河虾

河虾、诸子鱼佃煮

Freshwater shrimp and fish simmered in sweet soy sauce

器皿：古染付开扇向付

　　广泽池每年冬天都会放一次水，让池子处于滩涂状态。此时捕获的诸子鱼、河虾等河鲜很快就能卖光。因为这样捞上来的鱼虾很鲜，许多人都会特意赶来买，几乎成了冬天的一道风景。从前物流不通的时候，广泽池的鱼虾是京都人珍贵的蛋白质来源。河虾中须子较长的是雄虾，比雌虾更受人们欢迎。

辣味萝卜

晦荞麦面

Soba noodles eaten at year's end

器皿：内扇面散莳绘煮物椀

一到十二月，就是吃过年荞麦面的时候了。平时每个月月末吃的荞麦面叫"晦日荞麦面"，每年最后一天吃的荞麦面则叫"晦荞麦面"。佐料是应季的辣味萝卜。京都的辣味萝卜和其他地方的不同，看上去更像小棵的芜菁，几乎没什么水分，轻得仿佛放在手上吹口气就会被吹跑，像辣根一样。辣味萝卜很适合给不同于"江户风味"的京都荞麦面佐味。

煮萝卜

这种又大又圆和芜菁很像的白萝卜是冬季京都的一道风景。圣护院萝卜不适合生着削来吃，主要用来煮，有种独特的甜味，口感绵软细腻，并且不易煮烂。小时候掀开厨房锅盖，总能看见有一大堆煮熟的萝卜、胡萝卜和昆布。那么大一锅，应该是做给洗茶器的人吃的，我至今依然清楚记得那锅诱人的煮菜。

千本释迦堂、了德寺每年十二月会有一次有名的"煮萝卜"，在寺院里将大量萝卜和炸豆腐一起煮。相传吃到寺院的煮萝卜能避免感冒，每到这个时候寺庙里都人头攒动。

上·千本释迦堂卖的圣护院萝卜，有的表皮上写着梵文。
右·大锅里煮着的萝卜。
左·煮萝卜配炸豆腐。

秋季食谱

松茸海鳗清汤

海鳗…一条

松茸…五朵

盐、片栗粉…均适量

香橙…适量

出汁…一杯

清汤（如下调制）

出汁…四杯

盐…三分之一至二分之一小勺

淡口酱油…两小勺

做法

①海鳗剔骨（最好请店家处理），撒一点盐。裹上片栗粉，把多余的粉掸掉。将海鳗卷起来，用竹叶系个结，放在热水中煮到漂起来，再冲凉。

②将出汁倒入锅中，煮松茸。再放入海鳗加热。菠菜焯熟。

③把海鳗、松茸、青菜盛在事先热好的碗中，倒入清汤，挤上香橙汁。

向付

材料（四人份）

甘鲷（上半身）…一百六十克

昆布…适量

水前寺海苔…适量

山葵…适量

防风…四根

醋汁（如下调制）

淡口酱油…三分之二大勺

昆布醋…一又三分之二大勺

出汁…一又三分之二大勺

做法

①昆布洗净，以一比一的比例兑入醋和热水，放入水中泡湿。

②水前寺海苔泡发，切成两厘米左右的扇形。

③甘鲷切小片，不要切得太薄。

④将甘鲷片放入在处理好的昆布中，静置半小时到一小时。

⑤将甘鲷盛到碗里，然后加入水前寺海苔、削好的山葵、防风，
上桌前沿碗边倒醋。

*昆布醋：三百六十毫升醋中放入昆布（切成七八厘米的小块），
小火煮沸前将昆布捞出。推荐使用京都的千鸟醋。

余韵寿司

材料（五至六人份）

米、水…各三杯

煮汤用的昆布…明信片大小

酒…两大勺

小银鱼…一百克

柴渍（切碎）…二百克

生姜（切条）…少许

调和醋（如下调制）

醋…四大勺

砂糖…两大勺半

盐…一小勺

做法

①淘好米控干，放在笸箩里静置一小时。

②将米和水、昆布、酒放在一起煮沸，再倒入调和醋，一边用团扇扇风，一边大幅度搅拌锅中的汤汁，最后盖上湿毛巾连锅端出，放在冷水中。

③小银鱼用热水烫过后控干，趁兑好的出汁还热的时候放进去（也可以和调和醋一起倒入后拌匀）。

④小银鱼泡软后，加柴渍装盘，上面放上生姜。

炸豆腐煮酸茎菜

材料（四人份）

酸茎菜…一把

炸豆腐…一片

出汁…两杯

酒…两大勺

淡口酱油…一大勺半

盐…半小勺

做法

①酸茎菜洗净，在加盐（适量）的热水中焯好，冲凉后控干水，切成三厘米长的小段。

②炸豆腐放入热水中去油，切成细丝。

③锅中放入出汁和调料，再放入切成细丝的炸豆腐，煮两三分钟后放入处理好的酸茎菜，再煮一小会即可。

湿豆皮煮海老芋

材料（五至六人份）

海老芋…四个

出汁…三杯

酒…三大勺

味淋…三大勺

砂糖…一小勺半

淡口酱油…一大勺半

湿豆皮…适量

茼蒿…半把

做法

①海老芋削去两端呈六角形，剥皮。

②用淘米水（适量）将海老芋煮熟，然后用流水冲洗，去掉土腥味。

③锅中倒入酒和味淋，开火煮沸，加入出汁和调料，再放入处理好的海老芋，转小火煮。关火前放湿豆皮和茼蒿。

冬至南瓜

············· 材料（四人份） ·············

鹿谷南瓜…四百五十克

酒…三大勺

味淋…两大勺

出汁…两杯

淡口酱油…一大勺半

············· 做法 ·············

①南瓜去籽，切成三厘米乘四厘米的小块，刮圆后煮熟。

②锅中倒入酒和味淋，开火煮沸，加入出汁和淡口酱油调味，同时放入处理好的南瓜，小火煮十分钟左右。

古泽庵煮菜

············· 材料（便于制作的量） ·············

古泽庵…一根（约三百五十克）

红辣椒…两根

小杂鱼干…十克

出汁…一杯半

酒…两大勺

砂糖…两大勺

浓口酱油…一大勺

淡口酱油…一大勺半

············· 做法 ·············

①泽庵切成三四毫米的小条，在水中泡一晚，去盐。

②红辣椒去籽，切成小段。

③锅中放入出汁、处理好的泽庵、小杂鱼干、酒和处理好的红辣椒，点火煮沸，转小火煮五分钟左右加砂糖，再煮五分钟加酱油，一直保持小火，煮至出汁收进食物中。

河虾、诸子鱼佃煮

材料（四人份）

河虾…一杯
酒…一杯半
水…一杯半
浓口酱油…两大勺
淡口酱油…两大勺
味淋…三大勺
生姜…适量

做法

①河虾用流水洗净。
②锅中放入水、调料和一大勺生姜汁，点火煮沸后放入洗净的河虾，盖锅盖，转小火咕嘟嘟煮至出汁收到虾里。诸子鱼的做法也是一样。

晦荞麦面（辣味荞麦面）

材料（五至六人份）

荞麦面…适量
辣味萝卜（磨成泥）…适量
出汁…两杯
酱油…半杯
味淋…半杯

做法

①出汁和调料煮沸后转小火煮至汤水蒸发掉两成左右（这是便于制作的量，如果做多了可以冷藏起来）。
②准备合自己口味的荞麦面，浇上做好的汤，面上放辣味萝卜泥即可享用。

第四章

冬天到初春

一月・二月・三月

冬天要用热腾腾的美味饭菜
犒劳疲惫的身体

　　全家人齐聚一堂，喝掉新年的第一杯大福茶——元旦就从这时开始。喝完茶，大家一起吃杂煮。这时端上桌的杂煮是白色的。杂志上常写京都的杂煮里要放胡萝卜，其实不然。切成红叶形状的胡萝卜并不适合这个季节。京都正宗的杂煮，是用白味噌和圆年糕做的。

　　京都冬天的蔬菜的确非常好吃，说到正月，人们往往都会想起杂煮或年节菜，其实有许多被人们忽视的普通饭菜也值得关注。

　　有时，我们是在雪花纷飞、梅花绽放的严寒和柔美中迎来新春的。每年都有许多人到赏梅名地北野天满宫参加梅花祭，有机会的话，希望各位能仔细瞧一瞧正殿门边一棵被称作"绿萼"的梅树。它的花萼是绿色的，花瓣绿中带白。圆鼓鼓的花蕾有股无法言喻的气质，高雅素净。一种名叫"未开香"的和式点心，表现的就是绿萼将开未开时的美态。膨胀的花蕾包裹着梅花的清香，白色的鱼肉松象征白雪。是与二月最相宜的点心。

节分的本意是"季节的分界"，立春、立秋等节气的前一天都可以称为节分。不过不知从什么时候起，人们只用这个词来形容立春的前一天了。节分当天驱邪祈福、撒豆子、将沙丁鱼头扎在柊树枝条上等习俗也应节而生。

笔头菜、蜂斗菜的花茎、油菜花……三月是春芽萌生的好时节。人们的心逐渐暖和起来，大街小巷也渐渐恢复了热闹。四季流转，不久后，便又是樱花盛放的季节了。

每逢此时，就有腌好的食物从若狭送到京都。把刚打捞上来的比目鱼、青花鱼、方头鱼、小鲷等鱼类用盐腌上，立刻运到京都，抵达时味道刚刚好。尝一口，是与生吃截然不同的一种味觉享受。如果将小条的若狭鲽做成烧烤，再加上冬葱拌赤贝、蛤蜊清汤和装点得如同春野般漂亮的散寿司，女儿节①料理就完整了。看着印有美丽图案的鱼糕，仿佛又回到了无忧无虑的孩提时代，让人思绪万千。

此时壁龛的装饰少不了绾柳（打结的柳枝）。挂轴是七世直斋的书法："洞中春月四时好，云外溪声一样寒。"利休形丸三宝里放着装饰好的礼签，上面压着的是有邻斋好伊势神宫形宝珠。

---

①日本的女儿节在每年阳历 3 月 3 日。

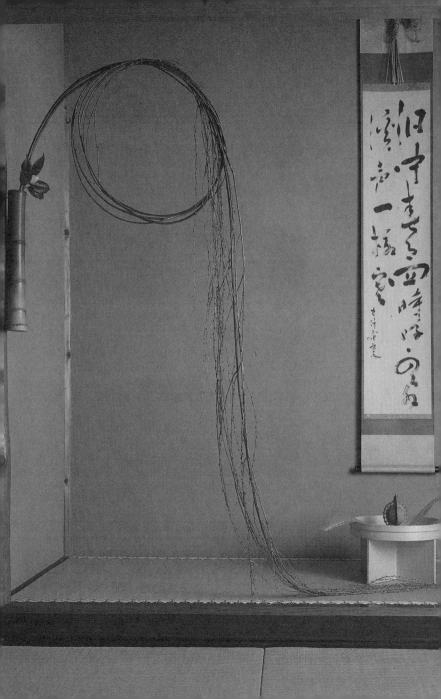

胡萝卜菜

碎芝麻拌胡萝卜叶

Carrot leaves with sesame dressing

微微的苦味提升了整道菜的味道。

器皿：明末赤地金襕手钵

关东地区的人也许对这道菜不甚熟悉，胡萝卜叶细腻鲜嫩，京都人常用来做菜。菜叶略有些腥气，一般的做法是先煮一煮去腥，再和碎芝麻拌到一起。胡萝卜叶的底部多多少少都会有些红色，不必将它全都切掉，留一点还能让菜品的色彩更加丰富。这道菜富含维生素，能预防感冒。

百合根乳蛋饼

Lily roots baked in an earthen dish

松软可口、热气腾腾的乳蛋饼。

器皿：土乐窑锅

　　百合根是京都人非常喜爱的食物。太有嚼劲的不行，要选入口酥脆的。不过京都人似乎不把它当蔬菜，而是当成砂糖的替代品，其实料理店也常用它来做调料，只是我们吃的时候没有注意罢了。

　　我个人更喜欢用百合根做和风乳蛋饼之类的料理。

赤芋

赤芋和青葱清汤
Sweet potato and leek soup
清新爽口的一道汤。

器皿：友七造长宽模样煮物椀

　　赤芋是刚长出来的小红薯，鲜嫩多汁，祖母以前总把它放在我最喜欢的汤里，想来就十分怀念。它的口感和其他软绵绵的薯类稍有区别，拿来做天妇罗也别有一番风味。

紫菀饭

Rice with Japanese aster greens

香嫩的菜叶让人感受到春天独有的气息。

器皿：友七造长宽模样煮物椀

　　紫菀是野菊的同伴，秋天开出娇小的花，是"秋之七草"之一。初春时分，把它用开水一焯，便会散发细腻的香气。焯熟后切记不要冲凉水，否则那股独特的香气就消散了。切碎后拌在米饭里，便是一碗清香的紫菀饭。尽情感受这春天的气息吧！

什锦饭

　　什锦饭也叫杂拌饭、五目饭，京都的什锦饭要用上等的出汁来做，饭里没有肉和鱼，依旧很好吃，里面有很深的学问。什锦饭味道浓厚，口感却很清爽，是我从小熟悉的味道。

什锦饭

Rice with vegetables

饭中的什锦都是素菜，口感清爽。

器皿：喜三郎造吉野椀

因梅花祭闻名的北野天满宫的梅花。
这里的梅花凋零时，春天就徐徐向京都走来。

旧正月

凛冽的寒冬之中，梅花的盛开宣告春天即将到来。

阴历正月即阳历二月，大大小小的节庆活动一个接一个，每个人都在冷冽的空气中祈祷这一年无病无灾。

首先是节分。关西地区一般将插着沙丁鱼头的柊树枝装饰在玄关处，在家中撒豆子等。而在我家，每年这时去吉田神社参加"追傩式"则是雷打不动的习惯。追傩式俗称驱鬼仪式，是将平安时期宫中举办的仪式沿袭至今的一项法事。

上·关西每户人家几乎都会在节分这天装饰玄关。传说柊树枝和生沙丁鱼的味道可以驱鬼。

下·豆政谨的煎豆，圆溜溜的，看上去就很好吃。盛豆子的木盒上刻有十一世一指斋写的"长命寺樱饼"的字样。

节分之味

一般来说，节分要吃烤沙丁鱼，再配上萝卜干味噌汤。吃完晚饭，八点左右开始撒豆子。从佛堂、茶艺室一路到厕所，撒遍每间屋子，要边撒边大声喊"鬼啊——出去吧！——"，慢慢地把所有房间转一个遍，最后用力关上大门。

接着吃荞麦面，吃掉这碗面，就意味着新年到了。吃完面，将剩下的豆子用日本纸包好，在身上不舒坦的地方揉一揉，再往身后一抛。第二天，打扫完屋子要将地上的豆子拿到附近的神社去，献给氏族神。至此，整个仪式才算完成。

盐烤沙丁鱼

Sardine grilled with salt

简单的盐烤。

节分时装饰玄关也要用沙丁鱼，传说吃这道菜能驱鬼保平安。

器皿：织部松的绘四方钵

萝卜干味噌汤

Miso soup with dried daikon radish

汤料只需切好的萝卜干。红味噌的颜色很醒目。

器皿: 莳绘煮物椀

156

追傩式、初午

　　从节分前一天到后一天，吉田神社会举行为期三天的"节分祭"。每年都有许多人前来祭拜。初午是稻荷神社举办的活动，相传和铜四年（七一一年）二月初午这天，稻荷大神在稻荷山的三之峰上显灵。后来全国各地的稻荷神社都在每年二月的第一个午日举办祭礼。初午前两天的初辰，人们会用稻荷山的杉树和椎树做成"青山饰"装饰房间。

上·吉田神社的追傩式，人们祈祷神明驱走不幸，赐予家家户户幸福、和平的生活。
中·伏见稻荷神社初午的供品。
下·青山饰。

初午之味

　　稻荷神会保佑五谷丰登、生意兴隆，信奉的人初午这天必吃稻荷寿司、芥末拌田菜①，和酒糟汤。稻荷寿司也叫狐狸寿司，京都的稻荷寿司和东京不太一样，不是小小的米袋形状，而是包成小三角形，里面只有简单的米饭和芝麻。

　　京都的田菜煮水后会散发一种独特的辣味，二月的田菜最好吃，吃到田菜，就意味着二月到了。

---

①油菜的一种，田菜是日本名，京都产。

稲荷寿司

Deep-fried tofu pockets stuffed with sushi rice

稲荷寿司也被人们亲切地称作狐狸寿司。照片中的寿司是中村屋的，形状非常可爱。

器皿：岩田藤七造玻璃盘

芥末拌田菜

Cruciferous greens with hot mustard dressing

田菜是京都才有的冬季蔬菜。二月份来京都时一定要尝尝看。

器皿：露西·里尔造圆钵

159

酒糟汤

Vegetable soup with sake lees

这个季节的酒糟味道很特别，被称作严寒中的酒酿，
尤其适合寒冷的天气。

汤中不放鱼，只有清淡的素菜。

器皿：利休形汁椀

女儿节

　　京都的女儿节原本是阴历三月三日（阳历四月三日前后）。古时候，人们会邀请要好的朋友到家里，愉快地庆祝节日。现在这一天，色彩鲜艳的有平糖和点心的可爱模样现在还能立刻浮现在眼前。京都人过女儿节还少不了一种本地特制的点心，名叫"引千切"。小时候，这些食品一摆出来，就像一年中最美丽的季节到了一样，我开心得不得了。只有在这一天，小孩子会被当作大人看待，餐桌上有专为小孩预备的料理，我们吃饭时都打扮得漂漂亮亮。

　　说到女儿节的玩具，不能不提贝壳游戏。能完全配对的贝壳永远只有一对，每次玩我都惊叹不已。

笔头菜

　　春天是万物复苏的季节，野菜、贝类、若狭鲽等都非常好吃，象征早春的笔头菜也很美味。此时的天空还是一派阴冷混沌，春天仿佛还很遥远，看到河畔探出头的笔头菜，实在是叫人欢喜。我每年都会摘些回来。

　　娇嫩又可爱的笔头菜常让我不忍下手去摘，我甚至曾把笔头菜的样子印成和服花纹穿在身上。笔头菜常被拿来做鸡蛋汤，把叶子干煎再撒些盐也很好吃。

笔头菜鸡蛋汤

Horsetail shoots with egg

放笔头菜要快，不用等到熟透就可以出锅。

这样，蓬松的蛋花就会漂在汤上。

器皿：乾山造锈绘椿文小钵

冰鱼

醋拌冰鱼和芹菜

Vinegared whitebait and Japanese parsley

冰鱼煮过后颜色纯白，和白鱼一模一样。

这道菜也可以用生姜醋来拌。

器皿：一弦庵好　漆仙造朱小吸物椀

　　冰鱼是琵琶湖中鲇鱼的幼鱼，样子和白鱼很像，但比白鱼更有嚼劲。它名字美，味道也妙，但能吃到的时间非常短暂。稍微晚一些就长成小鲇鱼了。

　　夏天过后，鲇鱼又抱卵成为落鲇。虽然是同一种鱼，在成长的不同阶段，也有不同的赏味方式。

蕨菜搅拌棒

Bracken swizzle sticks

用干燥后的蕨菜做成。拿来做搅拌棒是千澄子的主意。

蕨菜片

Bracken-starch sheets

将蕨菜粉凝固成片状。可泡开添在煮物上，也可放在醋物里吃。

　　早春的蕨菜又细又嫩，非常好吃。许多人嫌处理土腥味太麻烦，其实只要将它放在沸腾的灰水①里，再次煮沸后关火，晾凉后难闻的味道就没有了。注意别过了火候，否则蕨菜容易变得黏糊糊的。除了做得最多的凉拌，蕨菜还能做鸡蛋汤。蕨菜的苦和肉的味道也很配，有时会用来做寿喜锅。

――――――――――――

①稻草灰或木灰用水泡过后滤出的水。

手球麸

手球麸

Clear soup with wheat gluten in the shape of an embroidered ball

样子可爱、色彩鲜艳的手球麸很有京都特色，
在女儿节必不可少。

器皿：云锦莳绘煮物椀

　　手球麸是女儿节必不可少的一道料理。那可爱的形状和颜色，与女儿节的华丽氛围很相配。和式点心店麸嘉的生麸上那些彩线不是印上去的，而是手艺人亲手将一根根切成细丝的彩色生麸贴上去的，才显得生动而立体。现在民间还有这样手艺高超的手艺人，实在是我们的幸运。

煮蚬贝肉

Simmered clams with ginger

春天是贝类肥美可口的时节，可放些生姜，清淡地煮着吃。

器皿：明代古染付捻文汲出

贝类是春季必吃的，三四月的蚬贝肉质厚实，煮蚬贝是女儿节的必备料理。可以放生姜提味，做得甜一些。

关东地区女儿节的贝类大多是蛤，京都的则基本都是蚬贝。恐怕也只有京都的集市上才能看到蚬贝肉大卖的情景了。

利休忌

　　阴历二月二十八日（阳历三月二十八日左右）是千利休的忌日。每月的二十八日，三千家会巡街，之后在菩提寺即大德寺的聚光院办茶会。三月的茶会由武者小路千家负责，每次大家都精神饱满地出席。我们一定会在茶室里插上彼岸樱和油菜花，这与历史上一则有名的故事有关：天正十九年（一五九一年）春天，秀吉一怒之下命利休回堺蛰居，细川三斋和古田织部送利休到淀川乘船离开，当时河畔的油菜花开得正盛。此时，还要供上精进料理。料理的盘碗都要用涂着朱漆的，这一整套盘碗又被称作精进家具。

莲根田乐与烤昆布

Grilled miso-topped lotus root roasted kelp

相当于怀石料理中的八寸。按照习俗，非喜庆仪式吃烤昆布，喜庆仪式则吃炸昆布。
杉树皮做的四角封闭的八寸方盘主要用于斋戒或佛事。

器皿：利休杉

烤豆腐　山药汁芋头　青海苔

Grilled tofu with grated yam and green laver

器皿名为"平"，类似煮物碗。十厘米见方的豆腐块特意参考了碗的大小。

煮梅（下铺砂糖）

Simmered salted plum on a bed of sugar

器皿名叫"楪子"，相当于怀石料理中的向付。青梅头一年六月就用盐腌起来，
去盐后煮软放在砂糖上，是三月茶会上固定的一道菜。

169

就这样，一年四季轮回交替

山椒花的季节又到了。在春寒料峭时花期持续一周左右。凋谢后不久，喷香的山椒就发芽了，结出青青的山椒果时就到了吃山椒的时节。五月，将青绿色的山椒果和昆布一起煮熟，或是把果实做成佃煮，能保存一年，做很多料理时都能用到。山椒就像国外的香草，花朵、果实、叶子随取随用，非常方便。它不算料理店专用的高档食材，普通人家也吃得很多。就这样，新的一年又开始了。尽情享受同一种植物在一年四季中的不同美味，这自古以来的智慧，是京都人在四季轮回中学会的。

春寒料峭时，山椒开出娇嫩的小黄花。

山椒花的花期只有一周左右，说它是上天派来的报春使者，真是再适合不过了。

碎芝麻拌胡萝卜叶

材料（四人份）

胡萝卜叶⋯一把
芝麻（洗净的白芝麻）⋯四大勺
浓口酱油⋯两小勺
砂糖⋯两大勺半
出汁或酒⋯一大勺

做法

①胡萝卜叶在加盐（适量）的热水里煮熟，冲凉后控干，切成三厘米的段。
②洗净的芝麻煎熟，磨成八分碎后加调料。
③将拌好的芝麻与胡萝卜叶一起拌匀。

百合根乳蛋饼

材料（便于制作的量）

百合根…两个小的

烤海鳗…一条

生香菇…两朵

鸡蛋…六个

出汁…一杯半

淡口酱油…三分之二大勺

鸭儿芹…适量

做法

①将百合根剥开，在加了少许盐的热水中煮两分钟左右。海鳗切成一厘米左右的段。香菇去掉根部，切成薄片。

②鸡蛋打散，和出汁在一起稍微搅拌，加入淡口酱油，过滤。

③在浅口的土锅或砂锅中撒入处理好的百合根、海鳗和香菇，倒入蛋液，放在二百摄氏度的烤箱中烤二十五分钟左右，至表皮略焦。

④将切好的鸭儿芹装饰在蛋饼上。

赤芋和青葱清汤

红薯…一个
青葱…四分之一把
出汁…三杯
淡口酱油…一小勺
盐…半小勺

做法

①红薯切成一厘米左右的小段，煮熟。在出汁中加入淡口酱油和盐，点火煮沸后放入红薯和切成斜段的青葱，再次煮沸后装入碗中。

紫菀饭

材料（五至六人份）

紫菀…适量
米…三杯
水…三又三分之一杯
昆布…明信片大小
酒…两大勺
盐…一小勺

做法

①紫菀在加盐（适量）的热水中焯熟后冲凉。如果土腥味过重，可以多冲一会冷水，然后切成一口大小。
②锅中放入米、水、昆布和调料，煮米饭。煮好后拌入处理好的紫菀。

什锦饭

材料（五至六人份）

胡萝卜…六十克

牛蒡…四十五克

干香菇…三朵

油豆腐…一片

煮料的煮汁（如下调制）

出汁…适量

淡口酱油…一大勺

酒…一大勺

米…三杯

淡口酱油…两大勺

酒…一大勺

切丝鸭儿芹…适量

做法

①胡萝卜去皮，切成两厘米长的细条。牛蒡削成薄片，泡在滴过醋的水中去腥。干香菇泡水，切成条。油豆腐去油，切成两厘米长的条。

②小锅中放入上一步处理好的全部材料，再倒入煮料用的煮汁，直至没过锅中的食材。用淡口酱油和酒调味。煮好后盛出剩下的煮汁。

③剩下的煮汁和出汁调成三又三分之一杯，锅中放入米、调好的出汁、酒、淡口酱油、盐和处理好的食材，煮熟。

④盛出什锦饭，撒上切好的鸭儿芹。

萝卜干味噌汤

材料（四人份）

切好的萝卜干…适量
出汁…五百克
味噌…三十克
山椒粉…适量

做法

①切好的萝卜干洗净后泡在水中，充分吸收水分后控干表面的水。
②锅中放入出汁和处理好的萝卜干，煮时放味噌，撒山椒粉。

芥末拌田菜

材料（便于制作的量）

田菜…三百克
芝麻…三大勺
淡口酱油…两大勺
砂糖…一大勺
溶开的芥末…一到两小勺

做法

①田菜在加盐（适量）的热水中焯后控干，切成两厘米的段。
②芝麻炒熟后捣碎，加淡口酱油、砂糖、溶开的芥末，拌在一起。
③把拌好的调料和处理好的田菜放在一起搅拌均匀。

酒糟汤

酒糟…一百克
出汁…三杯
白味噌…一大勺
萝卜…六十克
京都胡萝卜…三十克
蒟蒻…四分之一颗
油豆腐（小）…一片
芹菜…适量
盐…少许
淡口酱油…两小勺
酒…依口味添加

做法

①酒糟切碎放入研磨盆中，用出汁没过酒糟后捣碎，加白味噌，再研磨一阵。也可用搅拌机拌匀。
②萝卜、京都胡萝卜、蒟蒻切成段，油豆腐浇热水去油后切成段。
③芹菜梗切成一厘米长的段。
④锅中倒入剩下的出汁和②，点火。煮沸后转小火，撇去浮沫，直至蔬菜煮软。
⑤倒入①继续煮，直到蔬菜入味。最后用盐、淡口酱油和酒调味，盛入碗中，撒上切好的芹菜。

笔头菜鸡蛋汤

笔头菜…一百克

鸡蛋…一个

出汁…半杯

酒…大半勺

味淋…一大勺

淡口酱油…一小勺

盐…少许

做法

①笔头菜去掉叶鞘，放入加盐的热水中煮后冲凉，控干水。

②锅中倒入出汁、酒、味淋、淡口酱油和盐，混合后煮沸，加入笔头菜，煮两分钟左右，将事先打好的鸡蛋沿着锅边绕圈淋入，鸡蛋半熟时关火。

醋拌冰鱼和芹菜

材料（四人份）

冰鱼（事先煮好的鲇鱼幼鱼）…约半杯

芹菜…四分之一把

醋…两大勺

出汁…两大勺

淡口酱油…一大勺

做法

①芹菜在加盐的热水中焯一下，放到冷水中拔凉，再切成两厘米长的小段。

②醋、出汁、淡口酱油混合制成二杯醋。

③吃之前用做好的二杯醋拌冰鱼和芹菜。

手球麸

手球麸…四个
出汁…三杯
淡口酱油…少许
盐…小半勺

做法

①用出汁（适量）将手球麸煮热，放入碗中。
②在出汁中加入淡口酱油和盐，慢慢注入装有手球麸的碗中。

煮蚬贝肉

材料（四人份）

蚬贝肉（煮过的）…三百克
生姜…一片
酒…四大勺
味淋…四大勺
淡口酱油…四大勺

做法

①蚬贝肉铺在笸箩上，浇热水，待水控干后去除碎肉。生姜去皮后切丝。
②锅中倒入酒和味淋，煮沸后放入蚬贝肉和生姜，再加淡口酱油，煮到汤几乎全都收进蚬贝肉为止。要多翻一翻，以免糊锅。

后记

　　为写杂志的连载专栏，我每个季节都要回趟京都，走过这座城市的大街小巷。无论在哪种意义上，这段时间对我都是无可替代的。

　　我在一年的时间里看遍了京都的传统仪式、美丽风景，以及京都独有的季节性食材。近年来住在东京的我，已很少有机会在大小节庆时回京都了，这一回让我过足了瘾。以前买菜的时候，我总是匆匆买了就走，而这次我有幸与京都种菜的农家和做湿豆皮、生麸之类的老字号店主们谈了许多。

　　我还和母亲聊了很久，回去看了我长大的那条街巷。

　　以前我不明白为什么在某些节日要吃固定的料理，这次有机会系统性地向母亲请教。因为母女之间更多的是言传身教，之前我们几乎没有聊过有关节日的话题。

书中提到的不少母亲小时候的故事，连我也是第一次听她提起。我和母亲曾经的交谈如今已成为我的美好回忆。

　　或许是受成长环境的影响，我从小就对器皿有很大兴趣。这次能用贵重的器皿来盛装料理，我感到非常满足。其中甚至有桃山时代的老古董，岁月的味道更是衬托出京料理的美。这次选用的器皿多以实用而非鉴赏为目的，写作中也让我再次感受到它们散发出的温暖和力量。

　　将连载内容集结成书，也让我对京料理又有了新的认识。

　　希望书中这许许多多美得令人惊叹的自然风光、传统仪式和料理的照片能给读者带去一份享受，也希望各位能借由本书体会到美食的乐趣。最后，衷心感谢将杂志的连载集结成这本美丽之书的泉实纪子女士。

　　　　　　　　　　　　　　　　　后藤加寿子

图书在版编目(CIP)数据

京料理／（日）千澄子，（日）后藤加寿子著；烨伊
译.－北京：新星出版社，2016.11
ISBN 978-7-5133-2312-3

Ⅰ.①京… Ⅱ.①千…②后…③烨… Ⅲ.①饮食－
文化－京都②文化研究－日本 Ⅳ.①TS971.203.13
②G131.3

中国版本图书馆CIP数据核字(2016)第203482号

京料理

（日）千澄子 （日）后藤加寿子 著
烨伊 译

内文摄影　阿部浩　永冈冬树（p171／山椒花）
责任编辑　汪　欣
特邀编辑　及　越　薛茹月
装帧设计　韩　笑
内文制作　王春雪
责任印制　廖　龙

出　　版　新星出版社　www.newstarpress.com
出 版 人　谢　刚
社　　址　北京市西城区车公庄大街丙３号楼　　邮编100044
　　　　　电话（010)88310888　　传真（010)65270449
发　　行　新经典发行有限公司
　　　　　电话（010)68423599　　邮箱 editor@readinglife.com
印　　刷　北京中科印刷有限公司
开　　本　800毫米×1120毫米　1/32
印　　张　6
字　　数　92千字
版　　次　2016年11月第1版
印　　次　2016年11月第1次印刷
书　　号　ISBN 978-7-5133-2312-3
定　　价　45.00元

著作权合同登记图字：01-2016-4869

KYORYORI
© SUMIKO SEN & KAZUKO GOTO 2015
First published in Japan in 2015 by KADOKAWA CORPORATION, Tokyo.
Chinese translation rights arranged with KADOKAWA CORPORATION, Tokyo,
through, DAIKOUSHA INC., Kawagoe.